Benny Blu®

Glas

Stoff mit Durchblick

Text von Johannes Flörsch

Illustriert von Frithjof Spangenberg

Für Jonas Wehrhahn aus Dassel-Sievershausen,
der gerne wissen wollte,
warum Glas durchsichtig ist

www.BennyBlu.de

Benny Blu und der große Schreck

„Hol' mir doch mal ein Glas Marmelade", bittet Oma Benny Blu. Er liebt Omas selbst gemachte Marmelade. Sofort macht er sich auf den Weg.

Im Keller ist es dunkel. Die Glühbirne ist kaputt. Vorsichtig tastet sich Benny vorwärts. Dann nimmt er ein Glas Erdbeermarmelade aus dem Regal.

Aber es rutscht ihm aus der Hand und knallt auf den Boden „Oma, komm schnell!", ruft Benny. Oma leuchtet mit einer Taschenlampe auf den Scherbenhaufen. „Ist dir etwas passiert?", fragt sie.

Benny ist nur erschrocken. „Halb so schlimm, Benny!", tröstet ihn Oma. Wieder in der Küche, sieht sich Benny um. Er entdeckt viele Dinge aus Glas.

Auf dem Schrank sieht er eine Vase. An der Wand hängt eine Uhr mit Glasdeckel. Auf dem Herd steht sogar ein Topf aus Glas. Benny fragt Oma:

„Warum geht Glas so leicht kaputt? Wer hat es erfunden? Wie wird es hergestellt? Und warum ist es durchsichtig?"

Alte Glaskunst

Bereits vor etwa 5.000 Jahren wussten die Ägypter, wie man Glas herstellt und verarbeitet.

Händler berichteten darüber auf ihren Reisen in andere Länder.

Benny Blu Wissens-Tipp

Die Germanen sahen Glas zum ersten Mal bei den Römern. Sie nannten es „Glasa". Das bedeutet „das Glänzende".

Glas ohne Farbe

Lange kannten die Menschen nur farbiges Glas. Das änderte sich vor etwa 2.000 Jahren bei den Römern. Sie fanden einen Stoff, der Glas farblos macht. Diesen Stoff nennt man Glasmacherseife.

Kelch

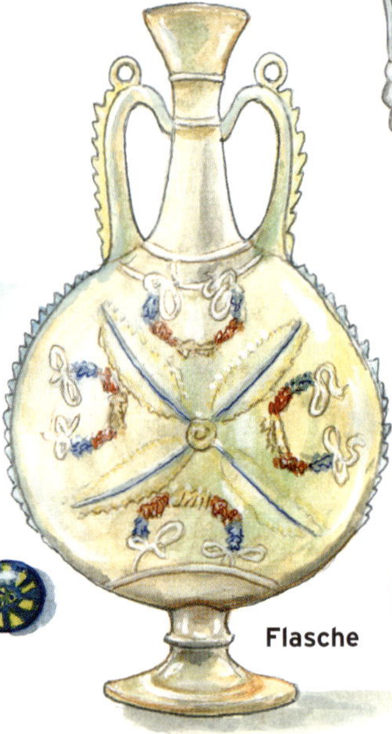

Flasche

Traubenglas

Spielsteine

Schale

Reines Glas

Vor 700 Jahren stellten die Glasmacher auf der Insel Murano ein sehr klares Glas her, das „Cristallo". Es ist so rein, dass sogar Schmucksteine daraus geschliffen werden.

Benny Blu Wissens-Tipp

Heiße Lava aus Vulkanen kann Sand und Steine verschmelzen. So entsteht Naturglas. Steinzeitmenschen fertigten daraus zum Beispiel Speerspitzen.

Das Glas-Rezept

Glas entsteht, wenn drei Stoffe bei großer Hitze miteinander verschmelzen. Die Rohstoffe sind Quarzsand, Kalk und Soda.

Heizmaterial

Damit es im Ofen heiß genug wird, braucht man viel Brennstoff. Das war früher Holz. Deswegen entstanden die meisten Glashütten in Wäldern.

Glasschmelze

Sie findet in drei Schritten statt. Abends schaufelt der Glasschmelzer die Zutaten in Tontöpfe. Im sehr heißen Ofen wird daraus Rauschmelze.

Glatt gerührt

Dann wird die Rauschmelze gerührt. Es sind noch Gasbläschen darin. Mit Wasserdampf treibt man sie heraus. Das heißt Läuterung.

Kühlung

Die Schmelze kühlt ab. Die letzten Gasbläschen lösen sich dabei auf. Am frühen Morgen verarbeiten die Glasbläser die Schmelze.

Benny Blu Umwelt-Tipp

Bitte sammeln!

Kaputtes oder altes Glas ist nicht nutzlos. Man braucht es, um neues Glas herzustellen.

Wie entsteht ein Trinkglas?

Die Glasmacherpfeife ist das wichtigste Werkzeug der Glasmacher. Damit formt man Glas. Die Syrier erfanden sie vor etwa 2.000 Jahren.

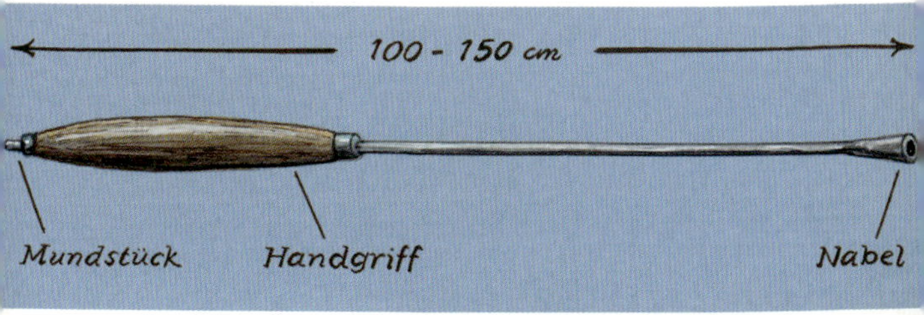

Glasmacherpfeife

Glühende Masse

Mit der Pfeife holt der Glasbläser einen großen Tropfen glühende, flüssige Schmelze aus dem Ofen. Er muss sie bearbeiten, so lange sie heiß ist.

Drehen

Der Glasbläser hat zwei Möglichkeiten: Er kann die Pfeife in seinen Händen drehen. Dann entsteht eine flache Scheibe, zum Beispiel für Teller.

Pusten

Bläst er in die Pfeife hinein, dehnt sich der Tropfen aus. Das ist so ähnlich wie bei einem Luftballon. So stellt der Glasbläser Schalen oder Trinkgläser her.

Glasform

Für Trinkgläser braucht der Glasbläser eine Form. Sie ist aus Holz. Damit die Schmelze sie nicht verbrennt, wird sie gut befeuchtet.

Immer gleich

Der Glastropfen wird in die Form eingeschlossen. Dann bläst der Glasbläser in seine Pfeife. Der Tropfen nimmt das Muster der Holzform an. Alle Gläser daraus sehen gleich aus.

Feinarbeit

Manche Gläser haben einen Griff. Aus einem Tropfen flüssigem Glas zieht der Glasbläser einen Henkel.

Die überschüssige Glasmasse schneidet er ab.

Letzter Schliff

Die Glaskanten sind noch sehr scharf. Deshalb schleift der Glasschleifer die Ränder glatt. Wasser spült die Krümel weg. Fertig ist das Trinkglas!

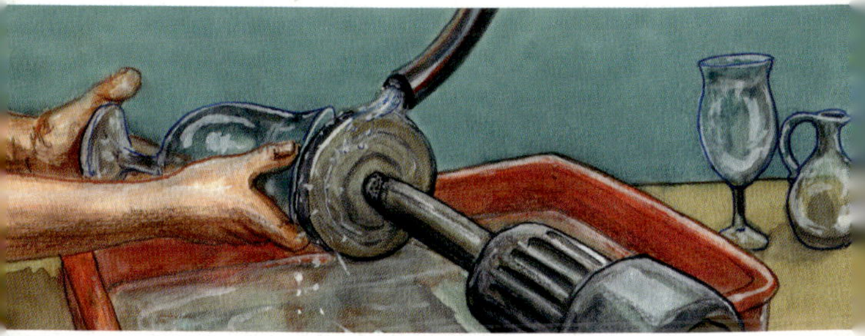

Von Maschinen gemacht

Ein Glasbläser stellt nur wenige Gläser an einem Tag her. Viel mehr schaffen Maschinen in Fabriken. Sie blasen Flaschen und Gläser in die richtige Form.

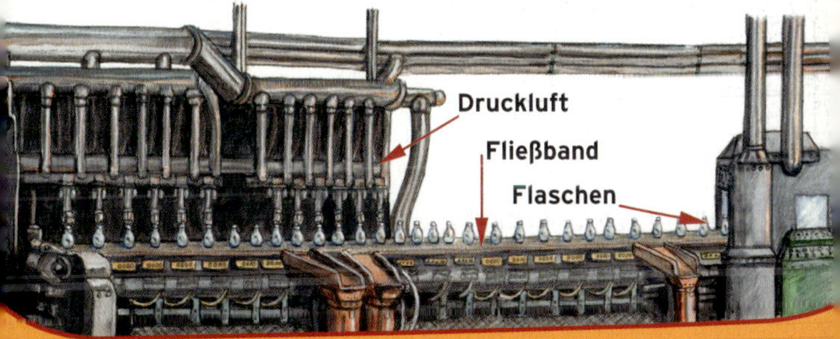

Fensterglas

Glasscheiben werden auf dem Fließband gegossen. In der Fabrik stellt man sie fast genauso her wie in einer Glashütte.

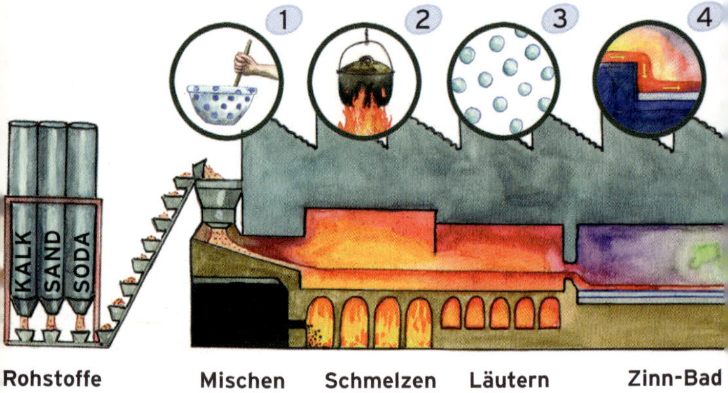

Große Hitze

Kalk, Quarzsand und Soda werden gemischt (1). Bei 1.600 °C schmelzen die Rohstoffe zusammen (2). Die Schmelze wird geläutert (3). Sie fließt in ein Becken (4). Es ist mit flüssigem, heißem Zinn gefüllt.

Schwimmendes Glasband

Das Glasband schwimmt nun auf dem flüssigen Metall. Das Zinn hat eine völlig glatte Oberfläche. Deshalb wird auch das Glas darauf glatt.

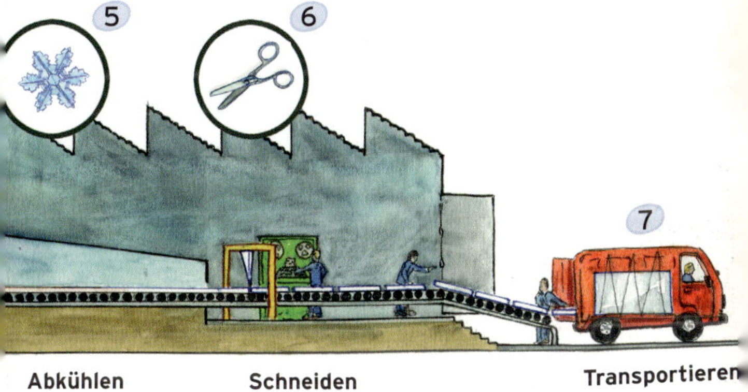

Abgeschnitten

Dann kühlt das Glasband ab (5). Arbeiter schneiden das Glas in Platten (6). Es wird in andere Fabriken transportiert (7). Dort schneidet man die Fensterscheiben passend zurecht.

Benny Blu Wissens-Tipp

Jeder Stoff besteht aus winzigen, unsichtbaren Teilchen. Durch Glas kann man aus zwei Gründen hindurchschauen:

- Die Glasteilchen liegen weit auseinander.
- Die Teilchen sind so verteilt, dass das Licht auf der anderen Seite wieder austreten kann.

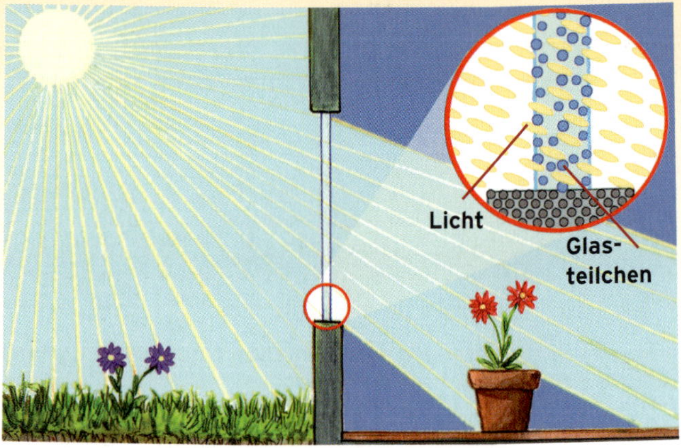

Bei Stoffen wie Metall sind die Teilchen anders angeordnet. Das Licht prallt immer wieder an ihnen ab. Es findet keinen Weg durch das Material.

In der Wissenschaft

Glas ist eine wichtige Erfindung. Ohne es wüssten wir heute viel weniger über die Welt.

Vergrößern

In einem Mikroskop befindet sich ein geschliffenes Glasplättchen, die Linse. Durch sie sehen wir auch allerkleinste Teile viel größer.

Benny Blu Wissens-Tipp

Neue Welten

Der Holländer Antoni van Leeuwenhoek baute selbst Mikroskope. 1668 entdeckte er damit die roten Blutkörperchen.

Blick zu den Sternen

Mit dem Teleskop kann man weit entfernte Sterne beobachten. Auch hier vergrößert eine Glaslinse das Bild.

Spiegel

Auf die Rückseite einer Glasscheibe wird eine dünne Silberschicht aufgebracht. Durch das Glas hindurch sieht man nun auf der silbernen Fläche sein Spiegelbild.

Gewölbte Spiegel zeigen ein verzerrtes Bild.

Farbmischung

Der Engländer Sir Isaac Newton fand heraus: Licht ist eine Mischung aus vielen Farben.

Spiegel statt Linse

Diese Farbmischung stört, wenn man durch eine Linse schaut. Deshalb verwendete Newton 1668 für sein Teleskop Spiegel statt Linsen. So erzielte er ein klareres Bild.

Augenglas

Manche Menschen müssen eine Brille tragen. Erst mit den geschliffenen Gläsern erkennen sie alles scharf.

Benny Blu Wissens-Tipp

Regentropfen sind oft gebogen wie Linsen. Wenn du nah herangehst, kannst du etwas entdecken: Der Regentropfen vergrößert fast so gut wie eine Linse!

Glas schützt

Bei Autoscheiben wird eine Klebefolie zwischen zwei Scheiben gelegt. Bricht die Scheibe, bleiben die Glaskrümel an der Folie hängen. So verletzt sich niemand.

Papamobil

Das Auto von Papst Johannes Paul II. hatte einen Aufsatz aus extra starkem Panzerglas. So konnte ihn jeder sehen. Trotzdem war er gut geschützt.

Benny Blu Glas-Quiz

Teste dein Wissen über Glas! Kannst du alle Fragen beantworten?

A Weißt du noch, aus welchen Zutaten Glas gemacht wird?

QUARZ _ _ _ _

_ _ D _

K _ _ _

B Auf der Insel Murano lebten Glasmacher. Wie nennt man das sehr klare Glas, das sie herstellten?

C Wie heißt das wichtigste Werkzeug der Glasbläser?

Alle Lösungen findest du auf Seite 32!

Benny Blu Geheim-Tipp!

Benny Blu Spezial-Frage

Kann man ein Glas kaputt singen?

Angeblich haben Opernsängerinnen das bei sehr dünnen Gläsern schon geschafft. Das ist aber nicht bewiesen.

Glasfäden

Sehr feine Fäden aus Glas leiten Licht gut. Beim Computer werden sogar Daten als Lichtsignale über Glasfäden verschickt.

Leicht und stabil

Viele Glasfäden zusammen ergeben eine Glasfaser. Glasfasern sind sehr leicht und trotzdem stabil. Man stellt Sportgeräte aus ihnen her. Sogar Schiffe kann man daraus bauen.

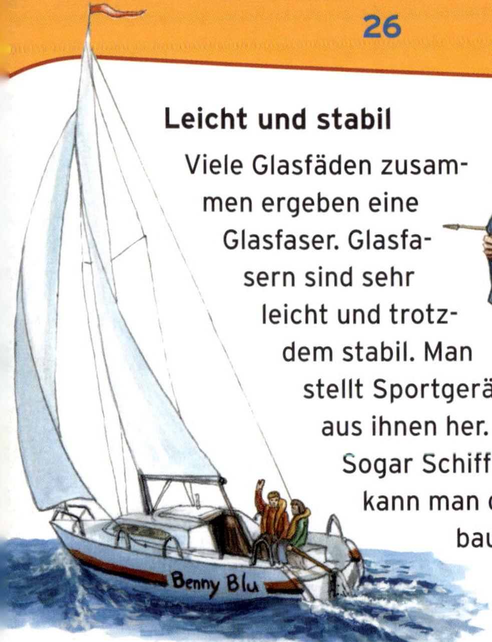

Schiffsrumpf

Sportbogen

Benny Blu Wissensfrage

Was treibt man bei der Läuterung aus der Schmelze?

A Gasbläschen   B Seifenblasen

Wenn du es nicht mehr genau weißt, schau noch einmal auf Seite 9 nach!

Benny Blu Geheim-Tipp!

o – Wie die Bilder laufen lernen
rper – So funktioniert er
lumbus – Entdeckung der Neuen Welt
rntipps – Leichter lernen
isen – Geschickte Gartenvögel
ch – Vom Euter bis zur Flasche
tern – Das Fest der Freude
erde – Schön, schnell und stark
aten – Räuber der Meere
lizei – Hilfe, Schutz, Verbrecherjagd
dio – Senden und empfangen
ter – Lanze, Ross und Reiter
hlangen – Züngeln, schlängeln, zischen
hmetterlinge – Von der Raupe zum Falter
hokolade – Süßes vom Kakaobaum
ort – Olympisch fit und fair
nen – Immergrüne Nadelbäume
er – Gestreifte Großkatzen
lkane – Feuer speiende Berge
sser – Aus der Quelle ins Glas
ihnachten – Das Fest der Liebe
ltall – Sterne und Planeten
tter – Regen, Wolken, Sonnenschein
ese – Blumen, Gräser und Tiere
kinger – Raues Seefahrervolk
hne – Starke Beißer
cker – Aus der Rübe in die Tüte

Mehr Infos zu Benny Blu
unter der Hotline:
805/71 15 71 (0,12 €/Minute)
oder im Internet unter:

www.BennyBlu.de

Alle Lösungen auf einen Blick

Damit du die Lösungen lesen kannst,
musst du das Buch drehen.

Von Seite 24:

Benny Blu Glas-Quiz

Primal! Du hast gut aufgepasst!

A QUARZSAND, SODA, KALK

B CRISTALLO

C GLASMACHERPFEIFE

Von Seite 26:

Benny Blu Wissensfrage

Sehr gut! Antwort A ist richtig!
Bei der Läuterung werden die Gasbläschen aus der Schmelze getrieben.

Wohnen hinter Glas

Durch Fenster kommt Licht in die Häuser. Die Glasscheiben schützen vor Kälte, Lärm und Schmutz.

Swiss Re-Hochhaus in London

Glaswände

Räume mit Wänden und einem Dach aus Glas heißen Wintergärten. Scheint die Sonne, ist es dort auch im Winter warm.

Benny Blu Aktions-Tipp

Glasharfe

Benny Blu zeigt dir, wie du mit Wasser und Glas Musik machen kannst. Dazu brauchst du:

Und so geht's:

Befeuchte deinen Zeigefinger in der Schale. Streiche mit dem feuchten Finger auf dem Rand des Glases entlang.

Mit ein wenig Glück erzeugst du einen hohen Ton. Versuche es auch mit unterschiedlich gefüllten Gläsern!

Unter www.BennyBlu.de

kannst du dir anhören, wie das klingt!

Benny Blu Bücher

... vermitteln Wissen kinderleicht
... machen fit für die Schule
... bringen Spaß für die Leser

Wissen für alle von 5 bis 105!

Andreas Hinkel

Lukas Koch

Thomas Bug

Prominente Autoren

Viele prominente Autoren schreiben für Benny Blu! Sie geben ihr Sachwissen gerne weiter. Zusammen mit Benny Blu setzen sie sich regelmäßig für Kinder in schwierigen Lebenssituationen ein.

Henry Maske

Nina Ruge

Walter Röhrl

Christian Häckl

Kein Benny Blu Buch verpassen!

Wer kein Benny Blu Buch verpassen will, nutzt den **Benny Blu Newsletter-Service.** Mehr Infos unter www.BennyBlu.de.

Benny Blu Bücher

Adler – Könige der Lüfte
Ägypten – Leben am Nil
Altes Rom – Soldaten, Götter, Spiele
Autos – Vom Dampfwagen zum Flitzer
Babys – Das Leben beginnt
Bauernhof – Leben auf dem Land
Benehmen – Bitte, danke, gern gescheh
Bienen – Fleißige Honigmacher
Brot – Vom Mehl zum Brot
Bücher – So werden sie gemacht
Christentum – Der Glaube an Jesus
Delfine – Schlaue Schwimmer
Dinosaurier – Faszinierende Urtiere
Eichen – Vom Samen zum Baumriesen
Eisbären – Raues Leben in der Arktis
Eisenbahn – Von der Pferdebahn zum I
Elefanten – Sanfte Riesen
Erde – Unser Lebensraum
Fernsehen – Filmen, senden, gucken
Feuerwehr – Löschen, retten, bergen, sch
Flugzeuge – Vom Gleiter zum Airbus
Frösche – Quakkonzert am Teich
Fußball – Team, Tor, Sieg
Getreide – Vom Korn zum Mehl
Glas – Stoff mit Durchblick
Handy – Telefone und Funklöcher
Hausbau – Von der Planung zum Einzu
Heilpflanzen – Blüten, Tee und Zauberk
Hunde – Freunde der Menschen
Igel – Stachelige Urtiere
Indianer – Wigwam und Büffeljagd
Kaninchen – ... und Hasen
Katzen – Schnurren oder kratzen